重庆市柑橘、脆李、荔枝龙眼三大水果
优 质 高 效 生 产 技 术 丛 书

荔枝龙眼
优质高效生产技术

重庆市农业农村委员会 重庆市特色水果产业技术体系 著

重庆出版集团 重庆出版社

图书在版编目(CIP)数据

荔枝龙眼优质高效生产技术 / 重庆市农业农村委员会，重庆市特色水果产业技术体系著. —重庆: 重庆出版社，2019.2(2021.12重印)

ISBN 978-7-229-14025-0

Ⅰ.①荔… Ⅱ.①重… ②重… Ⅲ.①荔枝—果树园艺 ②龙眼—果树园艺 Ⅳ.①S667.1 ②S667.2

中国版本图书馆CIP数据核字(2019)第023746号

荔枝龙眼优质高效生产技术

LIZHI LONGYAN YOUZHI GAOXIAO SHENGCHAN JISHU

重庆市农业农村委员会
重庆市特色水果产业技术体系 **著**

责任编辑:李 茜 徐 飞
责任校对:刘小燕
装帧设计:刘 倩

重庆出版集团
重庆出版社 **出版**

重庆市南岸区南滨路162号1幢 邮政编码:400061 http://www.cqph.com
重庆出版社艺术设计有限公司制版
重庆天旭印务有限责任公司印刷
重庆出版集团图书发行有限公司发行
E-MAIL:fxchu@cqph.com 邮购电话:023-61520646
全国新华书店经销

开本:889mm×1194mm 1/32 印张:2 字数:25千
2019年2月第1版 2021年12月第2次印刷
ISBN 978-7-229-14025-0
定价:18.00元

如有印装质量问题,请向本集团图书发行有限公司调换:023-61520678

《重庆市柑橘、脆李、荔枝龙眼三大水果优质高效生产技术》丛书编委会

《荔枝龙眼优质高效生产技术》编写组

主　编：熊伟　孔文斌

副主编：陈伟　洪传美　韩刚

编写人员：（按姓氏笔画排序）

毛英杰　冯　洋　吴正亮　李宏华　陈如寨

宋明华　何洪委　杨灿芳　夏仁斌　寇琳羚

解　娟

总　序

《重庆市柑橘、脆李、荔枝龙眼三大水果优质高效生产技术》丛书是专门为重庆地区发展柑橘、脆李、荔枝龙眼三大水果产业编写的特色水果生产技术丛书，包括《奉节脐橙优质高效生产技术》《巫山脆李优质高效生产技术》《荔枝龙眼优质高效生产技术》《柠檬优质高效生产技术》和《晚熟柑橘》五本。

重庆是世界柑橘、中国李的发源地之一，荔枝的历史栽培区。据《华阳国志》卷一《巴志》记载，公元前11世纪，因“巴师勇锐”有功，周武王封姬姓宗族于今鄂西川东地区，建号巴国，赐子爵，建都于重庆。“其地东至鱼复（今奉节），西至僰道（今宜宾），北接汉中，南极黔（今贵州）涪（今涪陵）。”“其果实之珍者，树有荔支（荔枝），蔓有辛蒟，园有芳蒻、香茗，给客橙

（柑橘）、葵。”这说明3000多年前，巴国（今重庆）种植荔枝、柑橘已有相当规模，并成为当时宫廷的贡品。刘琳《华阳国志校注》记载“鱼复县有橘官，至唐代，夔州柑橘列为贡品”，证实奉节设有橘官，柑橘品质优异，被列为贡品。《汉书·地理志》记载“巴郡有橘官”，说明汉唐时代重庆柑橘在全国就有着举足轻重的地位。

据记载，大唐开元年间，唐玄宗李隆基新娶生于忠州（今忠县）的杨玉环为贵妃，为取悦喜食新鲜荔枝的宠妃，下令修建栈道，以八百里加急的速度，将产自“涪州（今涪陵）之西，去城十五里”的新鲜荔枝快马加鞭送往长安，博得妃子一笑。唐代杜牧的“一骑红尘妃子笑，无人知是荔枝来”，更是将巴国所产贡品荔枝推向极致。苏轼《荔枝叹》：“永元荔支来交州，天宝岁贡取之涪。”证实了杨贵妃所食荔枝来自涪州。涪陵的贵妃荔枝特供地点因此取名“妃子园”，迄今已有1300多年历史。

中国李也起源于长江流域，是我国栽培历史

最为悠久、分布最为广泛的果树之一。北魏《齐民要术》记载的李子品种和栽培技术中的青李，就是重庆和四川、贵州一带的青脆李，已有上千年历史。

重庆柑橘、脆李、荔枝龙眼三大水果栽种历史悠久，蕴藏着丰富的文化内涵，迄今依然稳居重庆地区特色农业之首，堪称“千年摇钱树”。2018 年 3 月 10 日全国两会期间，习近平总书记参加重庆代表团审议，听取重庆市巫山县委书记李春奎、涪陵区南沱镇睦和村党支部书记刘家齐等汇报时，殷殷关切询问柑橘、脆李、荔枝龙眼三大水果的生产情况。重庆市委、市政府对此十分重视，为深入落实习近平总书记对重庆提出的“两点”定位、“两地”“两高”目标和“四个扎实”要求，高质量推进重庆地区扶贫攻坚和长江经济带绿色发展，筑牢长江上游重要生态屏障，召开了促进三大水果产业发展专题会议，印发了重庆市《关于加快脆李、脐橙、荔枝龙眼三大水果产业发展的会议纪要》（专题会议纪要 2018-

30），提出要牢固树立标准化、品牌化、科技化、市场化理念，着力在品种、品质、品牌上下功夫，加强品牌宣传和培育，将产品与当地人文地理、旅游资源等有机结合，赋予产品更多文化内涵、生态康养要素，讲好品牌故事，通过现场推介、媒体宣传、展览展示等方式打造区域公用品牌，促进产品销售，推动特色高效农业发展和乡村振兴。

重庆市农业农村委员会狠抓落实，制定了《脆李、脐橙、龙眼荔枝三大水果产业发展方案》，组织重庆市特色水果产业技术体系以及依托单位重庆市农业技术推广总站专家，总结凝练历年研究成果，发布了《奉节脐橙优质高效生产技术方案》《巫山脆李优质高效生产技术方案》《重庆市龙眼优质高效生产技术方案》和《重庆市荔枝优质高效生产技术方案》。为方便广大农民群众掌握和用好三大水果优质高效生产技术，促进创新驱动发展，相关单位决定联合出版《重庆市柑橘、脆李、荔枝龙眼三大水果优质高效生产技术》丛书，并成立了由重庆市农业农村委员会分管领导任组长的丛书编委会和重庆市特色水果产业技术体系负责人任组长的丛书编写组。

《重庆市柑橘、脆李、荔枝龙眼三大水果优质高效生产技术》丛书各册分“优质高效生产技术”和“生产实作50问”两大部分（仅荔枝龙眼分册无“生产实作50问”），主要针对柑橘、脆李和荔枝龙眼等特定树种品种，内容相对独立，可以单独使用，均为近十年重庆市特色水果产业技术体系团队专家自主研发和集成创新成果的结晶，其中，三项核心技术被农业农村部定为全国农业主推技术，一项成果获国家科技进步奖二等奖，长江柑橘带建设、晚熟柑橘保果防落防枯水综合技术等六项成果分获农业农村部和重庆市科学技术奖一等奖，在全国具有领先性。

为方便广大技术人员和农民群众阅读，本丛书采用较大字号印刷，图文并茂。普通读者仅需阅读“优质高效生产技术”一章，即可基本掌握生产技术，需要进一步了解发展品种和技术原理与方法的读者，可参考“生产实作50问”。本丛书适用于柑橘、脆李、荔枝龙眼三大水果的生产管理人员和广大果农，也可作为农村高职教育和新型职业农民教育的辅助教材、高等学校果树及相关专业师生参考资料。由于水平有限，疏漏和不妥之处在所难免，恳请专家和读者不吝指正。

熊　伟

2018 年 12 月

目　录

○ 第一章 ○

荔枝优质高效生产技术

一、品种与区域

（一）发展品种

妃子笑、带绿、井岗红糯等。

（二）种植环境

1. 种植区域及气候

长江第一山脊海拔 300 米以下，年均温 18℃以上，年日照时数≥1200 小时，年降雨量≥1000 毫米，最冷月均温＞7℃，极端最低气温＞-1℃，基本无霜冻的区域。

2. 园地要求

果园的土壤、空气、灌溉水质量应符合《无公害食品热带水果产地环境条件》（NY 5023）的规定。

3. 园地选择

应选择开阔向阳、避风寒的地段，有霜冻地

区应避免在容易沉聚冷空气的低洼谷地建园。土壤 pH 值 5.5 ~ 6.8，质地以沙壤为宜，有机质含量 1.0% 以上，土层深厚，地下水位 1 米以下。土壤不符合条件的果园应进行改良。

二、新建标准园

（一）果园改土

1. 坡地改土

定植行向采用顺坡方向，15 度≤坡度≤25 度，应采用定植穴聚土起垄改土。定植穴规格：长 1.0 米，宽 1.0 米，深 0.8 米，聚集表层土拌和有机物回填起垄，垄高 0.5 米。

2. 平缓地改土

宜采用南北向垄畦改土，可每 10 米起垄 2 行，表土拌和有机物回填，垄高 0.6 米左右，修建排水沟 1 条，排水沟距垄顶深 0.8 米左右，也可定植穴聚表土改土。

（二）苗木质量

苗木品种纯正，嫁接愈合良好，质量符合表1–1 的规定。

表 1–1　荔枝苗木质量要求（一年生嫁接苗）

项目	要求
品种与砧木	纯度≥95%，无病虫害
根系	根系完整，侧根2根~4根，须根丰富
苗木高度	40厘米~60厘米
嫁接口高度	20厘米~30厘米
苗木嫁接口上2厘米粗度	≥0.6厘米
茎倾斜度	≤15度
苗木分枝	2个以上

（三）定栽要求

1. 栽植时间

在秋梢老熟后 9 月至 10 月或 3 月至 4 月春梢萌芽前栽植。

2. 栽植密度

栽植密度根据环境条件、品种、砧穗组合等确定，株行距 5 米×8 米。

3. 栽植要求

栽植时剪平根系伤口，并展开根系拥培细土。栽植穴长宽深均为 80 厘米 ~ 100 厘米，每穴施有机肥 25 公斤 ~ 50 公斤。将肥料与土混匀填入地平面 30 厘米以下，回填后定植墩高于地平面 30 厘米以上。清除苗木嫁接膜、适度修剪苗木根系和枝叶，宜保留主根 15 厘米左右，剪截伤根与未老熟的秋梢，尽量保留须根。将苗木根部放入穴中央，舒展根系，扶正，边填细土边轻轻向上提苗、踏实，使根系与土壤密接。填土后浇透定根水。栽植深度以土壤沉实后苗木根颈与地面齐平为宜。定植后勤浇水，用薄膜或作物秸秆等覆盖树盘。

三、栽培管理

(一) 土肥水管理

1. 土壤管理

(1) 深翻扩穴

深翻扩穴一般在秋梢转绿老熟后进行，从树冠外围滴水线处开始，开深 60 厘米、宽 50 厘米的条状沟，每年每株分层压入腐熟有机肥、绿肥及土杂肥等 50 公斤 ~ 100 公斤，过磷酸钙 1 公斤，逐年向外扩展。深翻时挖出的土分层堆放，回填时先将表土填至根系分布层，底土压在表层，然后对穴内灌足水分。

(2) 中耕与除草

每年结合施肥中耕 2 次 ~ 3 次，在夏、秋刈割除草 2 次 ~ 3 次，应用生草栽培的果园主要割除高秆、藤蔓类杂草和小灌木，保留原生低矮杂草或人工种植的绿肥和牧草。

（3）覆盖与培土

冬夏两季用秸秆等覆盖树盘，厚度 10 厘米 ~ 15 厘米，抗旱保水。覆盖物与主干保持 10 厘米左右的距离。培土在秋冬季进行，厚度 8 厘米 ~ 10 厘米。

2. 间作与生草栽培

严禁园内间种高秆和攀藤作物，宜间种豆科绿肥或蔬菜作物。鼓励果园生草栽培，选用自然生草或人工生草模式，间作饲料或绿肥作物。自然生草要进行人工干预，割除鬼刺针、苍耳子、野蒿以及藤蔓类杂草和小灌木，维护原生低矮杂草生长；人工生草，推荐白三叶草、黑麦草等牧草作物，白三叶草播种期宜在 9 月中下旬，播种量约 0.6 公斤/亩。

3. 施肥

（1）施肥原则

根据园地土壤条件、树龄、树势、结果量进行合理施肥。有机肥与无机肥结合，氮、磷、钾肥配合，有针对性地补施中、微量元素。

（2）肥料种类和质量

推荐使用有机肥或有机无机复合（混）肥料，商品有机肥应符合《有机肥料》（NY 525）的规定，有机无机复混肥料应符合《有机—无机复混肥料》（GB 18877）的规定。

（3）施肥方法

土壤施肥：采用环状沟施、条沟施、放射状沟施、穴施和洒施等方法。在树冠滴水线外侧挖沟（穴），深度 20 厘米 ~ 40 厘米。东西、南北对称轮换位置施肥，施肥后及时覆土。

根外追肥：枝梢转绿期、抽穗期、花期、幼果期等物候期，可采用根外追肥法施肥，迅速补充树体养分和预防缺素症，施用时间以晴天或阴天为宜。常用的肥料种类和浓度：硫酸钾镁 0.2%，硼砂、硫酸锌 0.1% ~ 0.2%，以及国家批准生产的核苷酸、荔枝保果素等，施用间隔期 7 天 ~ 10 天。

4. 水分管理

（1）灌溉

秋梢抽生期、花芽分化期、花穗抽生期、盛花期、果实生长发育期等物候期及采果后如遇干旱宜及时灌水，保持土壤湿润，灌水量达到田间最大持水量的 60% ~ 70%。

（2）排水

设置排水系统并及时清淤，多雨季节或果园积水时开沟排水。

（二）整形修剪

1. 基本要求

一般采用多主枝自然圆头形或多主枝自然半圆头形树形，在定植后的 2 年 ~ 3 年内完成。

2. 幼树

定干高度 40 厘米 ~ 60 厘米，选留分布均匀、长势均衡的主枝 3 条 ~ 4 条，主枝与主干的夹角以 45 度 ~ 60 度为宜。每一主枝距主干 30 厘米 ~ 40 厘米处选留副主枝 2 条 ~ 3 条。按副主枝的培养方法依次培养各级结果枝组，用拉、撑、吊等方法调整枝条生长角度和方位。修剪与整形同步进行，用摘心、短截、疏删、抹芽等方法抑制枝梢生长和促进抽枝。

3. 成年树

主要包括采果后修剪和抽梢期修剪。用疏删、短截、除萌、摘心等方法，合理剪除过密枝、弱枝、重叠枝、下垂枝、病虫枝、落花落果枝、枯枝等；尽量保留强壮枝及生长良好的水平枝；对位置较好且有一定空间的侧枝可适当短截；对生长过旺的枝条，可在枝条基部环割；对衰老大枝可适当回缩。

（三）花果管理

1. 控梢促花

进行科学的肥水管理，促使优良秋梢适时老熟后不再抽生晚秋梢。可选用晒根、断根、环割、环扎、人工摘除等其中的一种或几种方法控梢。

2. 加强授粉

盛花期采用放蜂、人工辅助授粉、雨后摇花、高温干燥天气果园喷水、灌水等措施。

3. 疏花疏果

对花量大的品种，在花穗抽生5厘米~10厘米时疏删或短截花穗，或喷洒150毫克/升~300毫克/升的乙烯利变长花穗为短花穗，提高雌花比例；并依据树势、品种、结果母枝粗壮程度和叶片数确定每穗留花量，一般为1000朵~1500朵。

对结果过量的植株在第二次生理落果后进行人工疏果。疏去小果、畸形果和过于分散的果，并依据树势、品种、结果母枝粗壮程度和叶片数确定每穗留果量，一般为20个~50个正常小果。

（四）病虫害防治

荔枝主要病虫害有霜疫霉病、荔枝蝽象、蒂蛀虫、叶瘿蚊、卷叶蛾类和茶材小蠹等。

1. 农艺防治

因地制宜，选用抗病、抗逆的品种和砧木，

种植防护林，科学修剪和施肥，合理使用间作和生草等栽培技术，提高树体自身抗病虫能力；实施深翻、冬季清园、树干刷白、排水、剪除病虫枝果等措施，减少病虫源，减轻病虫危害。

2. 物理防治

采用太阳能频振式杀虫灯诱杀具趋光性的害虫；在糖、酒、醋液中加入农药诱杀趋化性害虫；可用粘虫色板诱集趋色性害虫；用粘着剂、防虫网、树干缠草把等方式诱杀害虫。

3. 生物防治

人工引移、繁殖释放天敌；以虫治虫；人工捕捉害虫；利用生物源农药防治病虫害；使用性引诱剂防治。

4. 化学防治

当病虫发生数量和荔枝树遭受危害程度达到防治指标时，可以选择性使用高效、低毒、低残留的化学农药选择性挑治，禁止使用高毒、高残留农药，化学农药使用符合《农药合理使用准则》（GB/T 8321.1 ~ 8321.10）要求。

（五）采收

1. 采收时间

根据用途、市场需要和各品种的成熟度在充分成熟时分期采收。一般情况下果皮已基本转红，龟裂纹带嫩绿色或黄绿色，内果皮仍白色时即可采收。

采收宜选晴天上午露水干后或阴天进行，雨天或中午烈日不宜进行。

2. 采收方法

先下后上，先外后内依次进行，一般实行“短枝采果”，轻拿轻放，减少果实伤口，提高采果质量，降低果实腐烂率。

◎ 第二章 ◎

龙眼优质高效生产技术

一、品种与区域

（一）发展品种

涪陵黄壳、储良、大乌圆、油潭本等。

（二）种植环境

1. 种植区域及气候

长江第一山脊海拔300米以下，年均温18℃以上，年日照时数≥1200小时，年降雨量≥1000毫米，最冷月均温>7℃，极端最低气温>-1℃，基本无霜冻的区域。

2. 园地要求

果园的土壤、空气、灌溉水质量应符合《无公害食品热带水果产地环境条件》（NY 5023）的规定。

3. 园地选择

应选择开阔向阳、避风寒的地段，有霜冻地

区避免在容易沉聚冷空气的低洼谷地建园。水利交通条件好，pH 值 5.5 ~ 8.0 的冲积沙壤土为宜。质地以沙壤为宜，有机质含量 1.0% 以上，土层深厚，地下水位 1 米以下。土壤不符合条件的果园应进行改良。

二、新建标准园

（一）果园改土

1. 坡地改土

定植行向采用顺坡方向，15 度≤坡度≤25 度，应采用定植穴聚土起垄改土。定植穴规格：长 1.0 米，宽 1.0 米，深 0.8 米，聚集表层土拌和有机物回填起垄，垄高 0.5 米。

2. 平缓地改土

宜采用南北向垄畦改土，可每 10 米起垄 2 行，表土拌和有机物回填，垄高 0.6 米左右，修建排水沟 1 条，排水沟距垄顶深 0.8 米左右，也可定植穴改土。

（二）苗木质量

苗木品种纯正，嫁接愈合良好，苗高 50 厘米～80 厘米，接口上方 3 厘米处干粗度达 0.8 厘米以上，主干直立，根系发达，生长健壮，无病虫害，提倡使用容器苗。

（三）定植要求

适时带土定植，栽植时间 2 月下旬至 3 月中旬春梢萌芽前，也可在 9 月下旬至 10 月上旬定植，株行距 5 米×8 米。苗木整理，起苗后及时剪除嫩梢、干枯枝、病虫枝及过长的主根，疏除 2/3 叶片。栽后浇足定根水，做好树盘，盖一层细土和约 10 厘米厚的良性杂草或秸秆保墒护苗。

三、老果园改造

（一）高接换种

对一些病虫危害严重、树龄在 20 年以内的果园，通过高接换种换掉老旧、混杂品种，品种选择符合发展品种要求，品种混杂果园应与主栽品种一致；高接换种中应注意嫁接过程中的工具消毒；换接后应加强解膜、除萌和果园肥水管理，确保新梢抽发与老熟，力争两到三年内重新投产。

（二）更新换植

对病虫危害严重、树体衰弱、难以通过管理得到改善的老果园，可更新换植，按照新建标准化园要求进行更新。对一些品种适应市场需求、仅部分树体遭病虫危害，或缺窝的龙眼园可以进行部分换植、补栽，换植、补栽品种应与原果园品种一致。

四、栽培管理

（一）土壤管理

1. 深翻扩穴

深翻扩穴一般在秋梢转绿老熟后进行，从树冠外围滴水线处开始，开深 60 厘米、宽 50 厘米的条状沟，每年每株分层压入腐熟有机肥、绿肥及土杂肥等 50 公斤 ~ 100 公斤，过磷酸钙 1 公斤，逐年向外扩展。深翻时挖出的土分层堆放，回填时先将表土填至根系分布层，底土压在表层，然后对穴内灌足水分。

2. 中耕与除草

每年结合施肥中耕 2 次 ~ 3 次，在夏、秋刈割除草 2 次 ~ 3 次，应用生草栽培的果园主要割除高秆、藤蔓类杂草和小灌木，保留原生低矮杂草或人工种植的绿肥和牧草。

3. 覆盖与培土

冬夏两季用秸秆等覆盖树盘，厚度 10 厘米 ~ 15 厘米，抗旱保水。覆盖物与主干保持 10 厘米左右的距离。培土在秋冬季进行，厚度 8 厘米 ~ 10 厘米。

（二）间作与生草栽培

严禁园内间种高秆和攀藤作物，宜间种豆科绿肥或蔬菜作物。鼓励果园生草栽培，选用自然生草或人工生草模式，间作饲料或绿肥作物。自然生草要进行人工干预，割除鬼刺针、苍耳子、野蒿以及藤蔓类杂草和小灌木，维护原生低矮杂草生长；人工生草，推荐白三叶草、黑麦草等牧草作物，白三叶草播种期宜在 9 月中下旬，播种量约 0.6 公斤/亩[①]。

---

① 1 亩约等于 0.0667 公顷。

（三）树体管理

1. 防寒护树

1 年～2 年生幼树易受低温冻害，冬季树冠覆膜防冻，高出枝头 10 厘米。

2. 幼树整形

（1）定植后第一年，及时疏除过密嫩芽，定干高度 80 厘米左右，选留 3 条～4 条分布合理的分枝培养主枝。

（2）第二年春梢萌芽前，选定 3 个～4 个健壮主枝，短截约 1/3，促进分枝生长，培养副主枝 2 条～3 条，以后按同样方式培养下一级分枝。

（3）2 年～4 年生幼树坚持“短截修剪，疏芽定梢”，促进分枝生长。对主、侧枝短剪促梢时，均选留下位壮芽作为剪口芽，以利开张树势，新梢长至 5 厘米左右及时“疏芽定梢”，一般每个基枝保留 2 个新梢，壮枝留 3 个梢，小枝只留 1 个梢。及时剪去交叉枝、无效枝、衰弱枝、病虫枝和直立徒长枝。春季及时拉枝整形，扩大树冠。

3. 结果幼树修剪

以轻剪为主，春梢萌动前结合疏花，剪除过密枝、病虫枝、交叉枝；夏梢疏芽定梢，应剪除落花落果枝，回缩突出树冠的强枝、强穗，促发二次夏梢；采果后及时剪除枯枝、病虫枝、衰弱枝，恢复树势。

（四）肥水管理

1. 幼树施肥

幼树要保持根际土壤湿润，干旱时应及时覆盖树盘，5 天 ~ 7 天穴灌 1 次，雨天及时排水。根据投产前幼树每年可抽发 3 次 ~ 4 次新梢的特点，施肥要坚持勤施薄肥，重点要做到“一梢两肥”，即：每次新梢萌动前施 1 次促梢肥，新梢红叶末期施 1 次壮梢肥；3 月上中旬至 8 月上中旬施肥 5 次 ~ 7 次，以氮肥为主，氮、磷、钾比例宜为 1.0:（0.3 ~ 0.4）:（0.3 ~ 0.4）。

1 年 ~ 2 年生幼树，树体小、根系浅，宜在树盘内除草浅耕松土 5 厘米 ~ 8 厘米后，直接淋施；

第 3 年起，随着树冠扩大和根系增强，采用树冠滴水线对边双沟或环沟浅施，沟深 10 厘米 ~ 15 厘米，宽 25 厘米 ~ 30 厘米，施肥后回填或以秸秆、杂草覆盖。

2. 结果树施肥

随着树冠扩大和根系增强，施肥次数适当减少，4 年 ~ 6 年生树逐步进入开花结果期，每年施肥 3 次，即：花前肥、壮果肥和采果肥。

（1）花前肥：在花序完全形成并现蕾时施入，约占全年用肥量的 50%，以氮、钾为主，氮、磷、钾比例约为 1.0：0.5：1.0，5 年生结果树每株施 30% 人畜粪水 50 公斤、尿素 0.4 公斤、过磷酸钙 0.7 公斤、钾肥 0.4 公斤。也可施复合肥 0.7 公斤、尿素 0.25 公斤、钾肥 0.2 公斤、清水 50 公斤。

（2）壮果肥：在果实迅速生长期（7 月上旬）施用，约占全年用肥量的 25%，以速效钾肥为主，氮、磷、钾比例约为 1.0：1.0：2.0。也可施复合肥 0.5 公斤加钾肥 0.13 公斤，清水 50 公斤。

（3）采果肥：在采果前 10 天 ~ 15 天施用，以速效氮肥为主，约占全年的 25%。氮、磷、钾比例约为 1.0∶0.4∶0.8，每株施 30% 人畜粪水 50 公斤加尿素 0.5 公斤、过磷酸钙 0.3 公斤、钾肥 0.2 公斤。

3. 叶面施肥

在每次新梢展叶至转绿喷 1 次 ~ 2 次叶面追肥，约 10 天一次，常用叶面肥为硫酸钾镁、硫酸锌。

（五）培养优良结果母枝

8 月上中旬整齐抽发的夏延秋梢是龙眼最重要的结果母枝，应重点培养；要控制 9 月上旬以后抽发当年不能老熟的秋梢。

1. 花期修剪促夏梢

在 4 月中下旬开花期，疏除总花穗的 30% 左右，开花前在夏、秋梢交界处剪断，开花后在结果母枝顶部以下 1 节 ~ 2 节剪断；生理落果后疏去落果空穗和过密小穗，通过疏花疏果促发夏梢作为基枝，7 月下旬对健壮夏梢短截，促发 8 月上中

旬抽发的夏延秋梢作为次年优良结果母枝。

2. 抗旱促梢

秋梢萌芽期天气干旱时，穴灌，穴的大小为30厘米×30厘米×30厘米，每株灌水50公斤~100公斤，促使秋梢适时抽生。

3. 追肥壮梢

秋梢展叶至转绿期喷2次0.2%硫酸锌加0.3%硫酸钾镁，10天左右一次。

（六）控梢促花

1. 秋冬节水、控肥

晚秋和冬季果园土壤适当干旱，有利于树体休眠、营养积累和花芽分化。8月秋梢抽发后停止土壤施用氮肥，秋梢老熟后，除特别干旱外，也不大量灌水。必要时可在秋梢转绿前增施一次速效钾肥。

2. 环割控梢

10月中下旬秋梢老熟后，在主干离地面约25厘米处或在骨干枝环割一圈，深仅达木质部，控制晚秋梢和冬梢抽生。对主干或主枝螺旋环剥1.0圈~1.2圈，深仅达木质部，剥口宽2毫米，螺距与环剥处干粗相当。螺旋环剥必须具备树势壮旺、肥水条件好、秋梢充分老熟三个条件，且不宜和其他控梢促花措施混用。

（七）防止花穗“冲梢”

1. 施好花前肥

核心是适时施肥，应在花序充分形成并已现蕾时才施肥，避免过早施肥或灌水导致花穗“冲梢”。

2. 防“冲梢”

采用控梢剂重点防小红叶，出现小红叶时，也可人工摘除，在花序主轴长至10厘米~12厘米起，人工反复摘除花穗上小红叶（保留叶柄），并摘心1厘米左右；花穗形成后短截主轴约1/3，保留14厘米~18厘米和5条~7条侧花序，控制顶端优势，促进纯花穗形成。

（八）保花保果

植物生长剂保花保果在5月底至6月上中旬龙眼第一次生理落果期进行，花前或秋季喷1次～2次0.2%硼砂加0.2%硫酸锌；现蕾时可喷一次龙眼丰产素；雌花谢后15天和40天，各喷1次果特灵1号；果园放蜂和雨天摇花、旱天喷水等措施也能有效促进授粉，增加坐果率。

（九）“大小年”防控技术

重点是采用叶面喷施硫酸镁补充镁元素，当年结果较多的果园，采果后及时喷施0.2%硫酸镁或硫酸钾镁2次，可同时混合喷施0.2%硫酸锌，平衡营养，矫治大小年。

也可采用农艺措施调控大小年，在大年春夏修剪花穗或果穗，调整结果枝和营养枝的比例，培养8月上中旬抽发、10月上中旬老熟的秋梢结果母枝，促枝梢轮换结果。其技术要点为：大年结果时进行春夏季疏花疏果，短剪落花落果枝，疏除30%～40%的花穗或果穗，促发夏梢培养结果母枝的基枝，实行枝梢轮换结果，结果枝和营养枝的比例控制在2∶3或1∶1。为了确保坐果率，采取先保后疏的办法，提倡疏果穗不提倡疏花穗。疏果穗的方法有两种，一种是疏除沿行间树冠一半的果穗，一种是疏除树冠上（下）部一半的果穗。

（十）主要病虫害防治

病害主要有龙眼炭疽病和灰枯病，害虫有蒂蛀虫、二突异翅长蠹、茶材小蠹、柑橘灰象虫、蜷象、青刺蛾、金龟子、黑蚱蝉、白粉虱、褐带长卷叶蛾、马蜂等。

1. 农艺防治

因地制宜，选用抗病、抗逆的品种和砧木，种植防护林，科学修剪和施肥，合理使用间作和生草等栽培技术，提高树体自身抗病虫能力；实施深翻、冬季清园、树干刷白、排水、剪除病虫枝果等措施，减少病虫源，减轻病虫危害。

2. 物理防治

采用太阳能频振式杀虫灯诱杀具有趋光性的害虫；在糖、酒、醋液中加入农药诱杀趋化性害虫；可用粘虫色板诱集趋色性害虫；用粘着剂、防虫网、树干缠草把等方式诱杀害虫。

3. 生物防治

人工引移、繁殖释放天敌，以虫治虫，利用生物源农药防治病虫害。可使用性引诱剂防治蒂蛀虫、二突异翅长蠹、茶材小蠹等，摘取捣毁马蜂窝等。

4. 化学防治

当病虫发生数量和龙眼树遭受危害程度达到防治指标时，可以选择性使用高效、低毒、低残留的化学农药选择性挑治，禁止使用高毒、高残留农药，化学农药使用符合《农药合理使用准则》（GB/T 8321.1 ~ 8321.10）要求。

（十一）适时采收

当龙眼果实达到该品种最优品质时，应及时

采收。重庆库区中晚熟龙眼一般在 9 月上旬成熟。要防止恶性早采和过熟采收“退糖”。采收时在果穗基部带 1 片 ~ 2 片复叶剪断，采果宜在上午或傍晚进行，雨雾天不宜采果。

○ 第三章 ○

品种介绍

一、荔枝

（一）妃子笑

1. 照片

图 3-1　妃子笑果实图（陈伟/摄）

图 3-2　妃子笑丰产图（成明元/摄）

2. 引种过程

由广东引进重庆的早中熟优质品种。

3. 品种介绍

该品质7月中旬至7月下旬成熟，果实近圆形或卵圆形，果中大，果实纵径3.98厘米，横径4.26厘米，平均单果重37.07克，可食率78.10%，焦核率86.67%，果皮厚度1.27毫米，可溶性固形物含量18.67%，总酸0.26克/100毫升。果皮淡红色、薄，果肉白蜡色，肉厚，质爽脆，多汁，味清甜带香，果实品质优，丰产稳产，综合性状优良。

（二）带绿

1. 照片

图3-3　带绿果实图（陈伟/摄）

图 3-4　带绿丰产图（成明元/摄）

2. 引种过程

原产地为四川省合江县，由四川省泸州市引种到重庆种植，由于缝合线明显、深阔、显著凹沟环绕，形成一条黄绿色带似腰带一样，故称“带绿”。

3. 品种介绍

该品种果实圆球形或近圆球形，中等大，纵径 2.9 厘米 ~ 3.7 厘米，横径 3.2 厘米 ~ 3.4 厘米，平均单果重约 17 克；果皮浅红色，皮薄且脆，龟裂片凸起，近果顶及果蒂部龟裂片较细密，向果中部逐渐增大，裂片峰尖锐刺手，裂纹显著，缝合线明显，窄深且有些凹陷；果肩平，果顶浑圆，果梗直径 2.1 毫米，果蒂直径 3.3 毫米，种柄细而不明显；果肉乳白色，厚 1.1 厘米，果实品质优良，可食率 78.32%，焦核率有的年份可达 80% 以上，果皮厚度 0.59 毫米，可溶性固形物含量 19.77%。成熟采摘期为 8 月上中旬。

（三）井岗红糯

1. 照片

图 3–5　井岗红糯果实图（陈伟/摄）

图 3-6 井岗红糯丰产图（孔文斌/摄）

2. 引种过程

原产地广东省广州市，为华南农业大学园艺学院等单位选育的国家审定品种，由广东引入重庆市。

3. 品种介绍

该品种果实品质优良，丰产性较好，果实清甜，果肉软韧，不易裂果，较耐贮。平均单果重 25.02 克，可食率 77.78%，果皮厚度 1.53 毫米，焦核率 10%，可溶形固形物含量 18.53%。成熟采摘期为 8 月上旬。

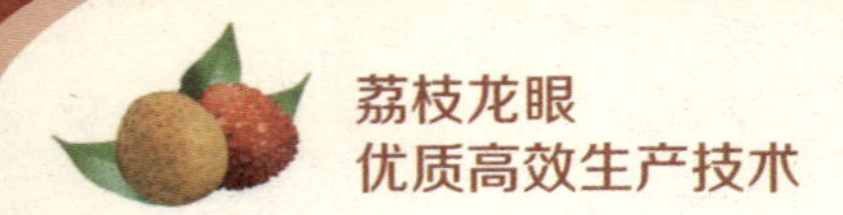

二、龙眼

（一）涪陵黄壳

1. 照片

图 3-7　涪陵黄壳果实图（宋明华/摄）

图 3-8　涪陵黄壳丰产图（宋明华/摄）

2. 育种过程

原产地重庆市涪陵区南沱镇睦和村，2007 年由涪陵区果品办公室自主育成。

涪陵龙眼距今已有 300 余年栽培历史，相传清朝嘉庆至道光年间，有邑人徐帮道在外做官，从福建带回龙眼苗五株，栽种于世居的陈家坝彭家院子（现南沱镇睦和村)，当时成活了三株。之后，通过实生繁殖，涪陵龙眼的种植规模和区域不断扩大，据 1987 年调查，全区有 50 年 ~ 100 年生的龙眼大树 3000 余株，主要分布在长江沿岸的 8 个乡镇，以南沱镇分布最多、最集中。涪陵龙眼按果皮颜色划分为黄壳和青壳两大类。“涪陵黄壳 97-1”是 1997 年涪陵区果品办公室从南沱镇平西村秦云华种植的实生黄壳龙眼中选育出来的优良变异单系，历经 10 年的观察记载和区域试验，2007 年通过重庆市农作物品种审定委员会鉴定，定名“涪陵黄壳龙眼”，渝品审登号 2007004。

3. 品种介绍

该品种树冠半圆至圆头形，树体较高大，树

姿较开张，树势较旺，叶片宽大，适应性强，丰产性和稳产性较好。果穗圆锥形，坐果较稀疏，每穗果实40粒～50粒，单穗重500克左右；果实圆球或歪圆形，单果重12克左右，肉质厚，可食率在66%以上，且有部分种子退化，焦核率20%；汁多、味浓甜、香气浓郁、口感极佳；8月下旬至9月初成熟，较蜀冠早7天～10天，较本地其他黄壳品种早10天～20天；适应性强，丰产性和稳产性好，经过嫁接和高接换代，1代树性状表现稳定。经农业农村部柑桔及苗木质量监督检验测试中心检验：单果重9克，可溶性固形物18%，还原糖2.83克/100克，转化糖12.65克/100克，总糖12.16克/100克，总酸0.06克/100克，维生素C 77.88毫克/100克。

（二）储良

1. 照片

图 3-9 储良果实图（何洪委/摄）

图 3-10 储良丰产图（何洪委/摄）

2. 引种过程

原产地广东省高州市分界镇储良村，1992 年引入重庆，在重庆表现出对肥水供应水平要求较高，施肥不足时叶色表现出比其他品种颜色淡，头年 12 月到第二年 2 月期间低温要求比其他品种高，大面积生产对丰产技术要求高。

3. 品种介绍

该品种属于高大乔木性果树，成年树高、枝干树皮较粗糙，枝条节间较短，分枝多，叶片深绿色，有光泽，小叶 6 片 ~ 8 片，呈披针状或长椭圆形，叶背叶脉明显。

花穗较大，花枝较硬直，花穗中的雌花着生位置较低，开放较早，因此果穗显得较紧凑。果实大小较均匀，果较大，单果重 12 克 ~ 14 克，扁圆球形。果肉厚 0.65 厘米 ~ 0.76 厘米，不透明，易离核，肉质脆，汁少，含糖量在 18.6% 左右，最高达 20% 左右，可食用率 69% ~ 74%，鲜食风味好，可用于鲜食和制作干果。果皮黄褐色，较薄，表面光滑。果核较小，棕黑色。成熟采摘期为9月中下旬。

（三）大乌圆

1. 照片

图3-11 大乌圆果实图
（杨治友/摄）

图3-12 大乌圆丰产图
（杨治友/摄）

2. 引种过程

原产地广西容县，1992年引入重庆，本品种较耐寒，管理技术不到位的情况下坐果率不是很高，果实含糖量相对其他品种稍低，在果实膨大期要重施钾肥和有机肥，不然容易退糖。

3. 品种介绍

该品种树势壮旺，树形高大，属高大乔木型果树，叶宽大，不对称，叶柄粗壮，叶色浓绿。

在肥水充足时，侧脉间的叶面明显隆起，侧脉凹陷于叶肉中间，是本品种特征之一。花穗较大，花量多，单株花期不遇情况比较明显，需要连片种植。果实近圆球形，略扁，果大，果肩明显，平均单果重15克~20克，最大的达31克，果肉蜡白色，半透明，肉质爽脆，味甜稍淡，果实可食率71.4%，可溶性固形物含量达18.5%，商品外观形象好，采摘时间长，鲜食为主，也可加工干果。果皮黄褐色、皮韧、龟状纹微隆起。果核棕黑色，有光泽，圆球形。成熟采摘期为9月中旬。

（四）油潭本

1. 照片

图3-13　油潭本果实图
（韩刚/摄）

图3-14　油潭本丰产图
（韩刚/摄）

2. 引种过程

原产地福建省莆田市华亭镇油潭村，1992年引入重庆，如果不及时疏果容易造成果实小而密。

3. 品种介绍

该品种树体、树姿较优，直立，树皮裂纹明显而细，叶色浓绿，小叶排列较稀疏，叶缘呈波浪状。花穗较大，花量大，花期授粉抗不利天气能力比其他品种稍强，花穗摘心后分枝较多。果穗着花量大，坐果率高。果实扁圆形，果肩明显，单果较大，一般单果重13克左右，果肉乳白色、汁多，肉厚0.53厘米，果肉表面易流汁，离核易，含糖量17%左右，可食率在70%以上，商品形象好，采摘时间长，可鲜食与制作干果。果皮黄褐色或灰褐色，厚度适中，龟状纹明显，放射纹明显。果核较小，黑褐色。成熟采摘期为9月中旬。这个品种的特点是在施足钾肥和有机肥时，留树采摘期较长。

（五）石硖

1. 照片

图 3-15　石硖果实图（何洪委/摄）

2. 引种过程

该品种是广东、广西栽培最多的品种之一，1992 年引入到重庆。

3. 品种介绍

该品种单果重 7.0 克 ~ 10.0 克；果皮黄褐色或黄褐色带绿色，较厚；果肉乳白色或淡黄白色，不透明，肉厚，表面不流汁，易离核，肉质爽脆，化渣，味浓甜带蜜味，有香气，可食率 65.0% ~ 71.0%，可溶性固形物 21.0% ~ 26.0%；生长势较强，适应性广，丰产稳产，是鲜食和加工兼宜的品种。

（六）蜀冠

1. 照片

图 3-16　蜀冠果实图（杨治友/摄）

图 3-17　蜀冠丰产图（杨治友/摄）

2. 引种过程

原产地四川省泸州市园科所，原名泸园 86-2-6，1986 年由该所实生树中选出，1992 年引入重庆，1998 年通过四川省农作物品种审定委员会鉴定，命名为“蜀冠龙眼”，引种表现出花期因花穗巨大而消耗过多营养，后续对肥水的要求更高，花期如遇气候不好坐果率比其他品种低，会出现大量的花穗上只有几个果子的现象。

3. 品种介绍

该品种花穗为聚伞花序圆锥状排列的混合花序，花穗巨大，单个花小，呈黄白色。果实扁圆形，果大整齐，单果重 10 克左右，最大可达到 15 克。可食率 56.97%，可溶性固形物 19.8%，总糖 14.94%，果肉厚，多汁，离核易。果纤维较多，是鲜食和制干良种。果皮黄褐色，有细小瘤状突；果核较大，棕黑色。成熟采摘期为 8 月下旬。